云南名特药材种植技术丛书

Dianchonglou 《云南名特药材种植技术丛书》编委会 编

U0338399

云南出版集团公司
云南科技出版社
·昆明·

图书在版编目（CIP）数据

滇重楼 / 《云南名特药材种植技术丛书》编委会编 . -- 昆明 : 云南科技出版社, 2013.7（2023.6重印）

ISBN 978-7-5416-7290-3

Ⅰ . ①滇… Ⅱ . ①云… Ⅲ . ①七叶一枝花 – 栽培技术 Ⅳ . ①S567.23

中国版本图书馆CIP数据核字（2013）第157893号

责任编辑：唐坤红
　　　　　李凌雁
　　　　　洪丽春
封面设计：余仲勋
责任校对：叶水金
责任印制：翟　苑

云南出版集团公司
云南科技出版社出版发行
（昆明市环城西路609号云南新闻出版大楼　　邮政编码：650034）
云南灵彩印务包装有限公司印刷　　全国新华书店经销
开本：850mm×1168mm　　1/32　　印张：1.75　　字数：44千
2013年9月第1版　　2023年6月第25次印刷
定价：18.00元

序

彩云之南自然环境多样，地理气候独特，孕育着丰富多样的天然药物资源，"药材之乡"的美誉享于国内外。

云药资源优势转变为产业优势的发展特色突出，亦带动了生物产业的不断壮大。当下，野生药用资源日渐紧缺，采用人工繁育种植方式来满足医疗保健及产业可持续发展大势所趋。丛书选择了天麻、灯盏细辛、当归、石斛、木香、秦艽、续断等云南名特药材，特别是目前野生资源紧缺，市场需求较大的常用品种，以种植技术和优质种源为重点内容加以介绍，汇集种植生产第一线药农的实践经验，病虫害防治方法等，凝聚了科研人员的研究成果。该书采用浅显的语言进行了论述，通俗易懂。云南中医药学会名特药材种植专业委员会编辑成的该套丛书，对于云南中药材规范化、规模化种植具有一定指导意义，为改善和提高山区少数民族群众收入提供了一条重要的技术途径。愿本套丛书能够对推动我省中药种植生产事业发展有所收益，此序。

云南中医药学会名特药材种植专业委员会

名誉会长

前　言

　　绿色经济强省，生物资源是支撑。保持资源的可持续发展，是生态文明建设的前瞻性工作。云南省委、省政府历来高度重视生物医药发展，将生物医药产业作为云南特色支柱产业来重点发展。中药材种植是生物医药产业发展的源头，有言道："好山好水出好药""药材好，药才好"……。因地制宜，严格按照国家有关法规和科学技术指导规范种植，方能产出优质药材。基于云南生物资源开发现状考量，云南省中医药学会名特药材种植专业委员会汇集了云南药物研究所、云南农业科学院药用植物研究所、云南中医学院、云南农业大学等单位的专家学者，整理并撰写了目前在云南省中药材种植生产中有一定基础与规模的20个品种中药材的种植技术，编辑出版本丛书，较大程度地适应了各地中药材种植发展的迫切需要。

　　云南地处北纬21°～29°，纬度较低，北回归线从南部通过，全年接受太阳辐射光热多，热量丰富；加之北高南低的地势，南部地区气温高积温多，北部地区气温低积温少；南北走向的山脉河谷，有利于南方湿热气流的深入，使南方热带动植物沿河谷北上。北部山脉又阻挡了西伯利亚寒冷气流的侵袭，北方的寒温带动植物沿山脊南下伸展。东面湿热地区的动植物又沿金沙江河谷和贵州高原进入，造成河谷地区炎热、坝区温暖、山区寒冷等特点。远离海洋不受台风的影响，大部分地区热量充足，雨量充沛。多种类型的气候生态环境，造就了云南自然风光无限，物奇候异，由此被人们美称为"植物王国"。

云南中草药资源十分丰富，药用植物种数居全国第一，在中药材种植方面也曾创造了多个全国第一。目前云南的中药材种植产业承担了云南全省乃至全国大部分中医药产品的原料供给。跨越式发展中药材种植产业方兴未艾，适应生物医药产业的可持续发展趋势尤显，丛书出版正当时宜。

本书编写时间仓促，编撰人员水平有限，疏漏错误之处，希望读者给予批评指正。

云南省中医药学会
名特药材种植专业委员会

目　录

第一章 概 述

本品为延龄草科Trilliaceae 重楼属*Paris*植物云南重楼 *Paris polyphylla* var. *yunnanensis*（Franch）Hand.–Mazz. 的干燥根茎。是1974年版《云南省药品标准》及历版 《中华人民共和国药典》收载品种，也是各种中医药书 籍收载的重要品种。别名重楼、虫蒌、独角莲以及重楼 一枝箭等。具有清热解毒，消肿止痛，凉肝定惊之功 效。临床上用于治疗疔疮痈肿，咽喉肿痛，毒蛇咬伤， 跌扑伤痛，惊风抽搐等症。云南民间常用于外伤出血， 骨折，扁桃腺炎，腮腺炎，乳腺炎，肠胃炎，肺炎，疟 疾，痢疾等多种疾病。是云南白药、宫血宁、抗病毒冲 剂及季德胜蛇药片等国家重点保护中药的主要原材料。 滇重楼主产于云南丽江、大理等地区全省大部分地区有 分布，其品质优良、疗效显著而畅销海内外，是云南著 名的重要地道药材品种，也是全国重要的常用中药品种 之一。

一、历史沿革

重楼属植物在我国用药历史悠久，使用较为普遍， 向来被誉为蛇伤痈疽之良药，大部分本草书籍均有记载。重楼以蚤休之名始载于《神农本草经》，列为下品，谓："蚤休，味苦微寒，主惊痫，摇头弄舌，热气在腹中，癫疾，痈疮，阴蚀，下三虫，去蛇毒，一名蚤休，生山谷。"其后的《名医别录》《新修本草》等历代本草典籍均对重楼的药性、药效以及形态均作出描述。其中《图经本草》曰："蚤休，俗呼重楼金线，苗似王孙、鬼臼等，作二、三层，六月开黄紫花，蕊赤黄色，上有金丝垂下，秋结红子，根似肥姜，皮赤肉白，四、五月采根，晒干用"的记载，对重楼的形态、采收进行了比较详细的描述。《本草纲目》也提到"七叶一枝花，深山是我家。痈疽如遇著，一似手拈拿。"

滇重楼为彝族药，由于云南地处偏远西南交通闭塞，古代有关云南药材的医药典籍甚少，有关滇重楼的记载也较少。《新修本草》有："今谓重楼者是也，一名重台，南人名草甘遂，苗似王孙、鬼臼等，有二三层，根如肥大菖蒲，细肌脆白，醋摩疗疮肿，敷蛇毒有效"，最早将蚤休称为重楼，并且其中记载也表明南方已将重楼作为药用，其所记载的重楼可能包括七叶一枝花和滇重楼。明代兰茂在其《滇南本草》中有"重楼一名紫河车，一名独脚莲。味辛、苦，性微寒。……是疮不是疮，先用重楼解毒汤。此乃外科之至药也，主治一切无名肿毒，攻各种疮毒痈疽，发背痘疗等症最良"的记载，认为滇重楼为外科至药，主治一切无名肿毒。这是最早以重楼作为正式药名记载，所记载重楼可以明确

为滇重楼。而清代的吴其濬在《植物名实图考》则对多叶重楼下两个药用变种七叶一枝花和滇重楼均有详细记载，"江西、湖南山中多有，人家亦种之，通呼为草河车，亦曰七叶一枝花，为外科要药，滇南谓之重楼一枝箭，以其根老横纹粗皱，如虫形，乃作蚤蔈字。亦有一层六叶者，花仅数缕，不甚可观，名逾其实，子色殷红。滇南土医云：味性大苦，大寒，入足太阴。治湿热瘴疟下痢，与本草书微异。滇多瘴，当是习用药也"。

根据上述记载，古时蚤休包括了七叶一枝花及其以外品种，其异名较多，主要有重楼、重台、紫河车、重楼金线等，主治惊痫、痈疽、去蛇毒；而滇重楼在本草中则被称为重楼、虫蔈、独角莲以及重楼一枝箭，用药部位均为根部，主治无名肿毒，各种疮毒痈疽，并沿用至今。

二、资源情况

根据云南省农业科学院药用植物研究所的调查发现，目前滇重楼主要分布在云南及贵州西部以及四川攀枝花一带，而云南是滇重楼的分布中心，其野生资源覆盖量占全国的90%以上。

根据云南省第三次中药普查对云南重楼资源的蕴藏量调查显示，20世纪80年代云南重楼资源的蕴藏量为930多吨，其中西双版纳蕴藏量最多为140吨和怒江为100吨。进入21世纪以来，由于以重楼为原料的新药品

种增多，加上2003年非典冲击，对抗病毒类中药需求的激增，使重楼资源遭到前所未有的破坏使各地重楼资源锐减至20年前的10%~20%左右，2007年重楼价格的进一步提升造成2008年各产区疯狂采挖重楼资源，加剧了重楼资源的破坏，据2009年走访及实际调查，现在滇重楼主产区野生资源的蕴藏量可能不足20世纪80年代初蕴藏量的5%，部分地区甚至不足1%。各产区已经很少见重楼，怒江、西双版纳等重楼资源蕴藏量大的产区连1吨以上的货源也很难组织。

为了保护重楼属资源，中国科学院昆明植物研究所、云南白药集团、云南省农业科学院等科研机构做了许多工作，实行资源迁地保护，建立了重楼种质资源库，并对所收集的种质资源进行比较和评价，筛选出各项指标较好的优异资源为实现滇重楼人工种植奠定基础。云南白药集团在武定关坡重楼种植基地建成了国内种类最全的重楼种质资源圃，收集保存了世界上已经报道的28种野生重楼中的26种。云南省农业科学院也在丽江和昆明建立了滇重楼种质资源圃，收集了包括云南各地州以及四川、贵州、广西部分地区的滇重楼及其他重楼种质资源近150多份，建立了国内滇重楼种质资源最丰富的种质资源圃，这些工作为进一步开展滇重楼优良种源的筛选奠定基础。

三、分布情况

《滇南本草》和《植物名实图考》对滇重楼的描述，表明滇重楼主要分布在滇南（云南）。而根据李恒的《重楼属植物》中记载滇重楼分布于云南、四川、贵州大部分地区、广西西部、湖南西南部、西藏芒康以及缅甸北部均有分布。据云南省农业科学院药用植物研究所最近调查显示，由于过度采挖，目前滇重楼分布区已收缩在云南、贵州西部以及四川攀枝花一带。原有滇重楼记载的川西靠云南一带主要为多叶重楼原变种 *P. polyphylla* var. *polyphylla*，没有发现滇重楼；湖南西南部、广西百色、隆林等地只发现有七叶一枝花 *P. polyphylla* var. *chinensis*，也没有发现滇重楼。

云南是我国重楼资源的主要分布地之一，全省均有分布，且资源品种丰富，尤以滇西北的横断山区和滇东南的文山品种为多，其中滇重楼是云南出产的重要品种之一，各地州均有分布，其中以滇西北、滇西、滇中、滇东和滇东南为主产区，滇西北的大理、丽江、迪庆地区是滇重楼的重要产区，也是市场上重楼类药材主流产品的来源之地，但近年来因大量采挖，分布已非常零星，在其适生地区也难觅其踪，其分布频度已极稀，野生资源面临枯竭。

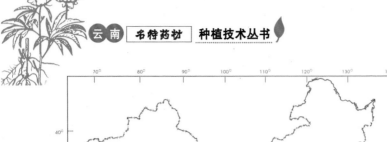

图1-1　滇重楼地理分布图

▲ 目前滇重楼分布

△ 滇重楼20世纪曾经分布

四、发展情况

迄今为止，重楼原料仍主要来自野生，尚无大规模人工种植的产品。重楼的人工种植历史较为悠久，早在《名医别录》中对重楼就有"而茎叶亦可爱，多植庭院间"的记载，清代吴其濬的《植物名实图考》也有"江西、湖南山中多有，人家亦种之"的记载。但由于在过去重楼用量一直不大，野生资源又很丰富，因此重楼的人工种植没有形成规模。而滇重楼药材基本一直靠野生采集。到了20世纪80年代中后期，云南白药开始感到原料危机，滇重楼的人工种植才开始提到日程上，但由于

种子萌发时间较长，种植周期长，加上滇重楼价格又不是很好，因此滇重楼的人工种植一直没有形成规模。到了20世纪90年代，由于宫血宁、抗病毒冲剂等新产品的开发使用使滇重楼资源进一步紧张，云南白药等企业开始人工种植技术研究，但进展缓慢。到了21世纪，野生资源进一步破坏，滇重楼需求进一步扩大，使得滇重楼人工种植得到了发展。目前，在我省丽江、迪庆、怒江、德宏、楚雄、文山、大理、曲靖、临沧及西双版纳等地区均有栽培，仅云南省内大小种植户不下300家，总面积在8000亩左右，其中丽江、大理种植面积最广，但总体规模较小，种植时间较短，种植技术粗放。

随着中医药产业的快速发展，以重楼为原料的生产企业用药量大幅度增加，我国每年消耗重楼3000吨以上。加之重楼化学成分复杂，药理活性强，临床应用范围广，近年来国内外学者着眼于其生理活性和独特的药用价值，通过现代药理研究，为重楼的一些临床应用提供了理论依据，同时发现了一些新的作用，显示了良好的发展前景。而仅依靠野生资源已远远不能满足市场的需求，重楼资源的稀缺已成为制约云南相关制药产业可持续发展的瓶颈。因此，人工种植成为解决重楼资源匮乏的必然选择。

第二章　分类及形态特征

一、植物形态特征

1. 重楼的种类

按李恒系统划分，加上近年来新发表的种，目前全世界重楼属植物约有28种，我国有24种。该属绝大多数种类形态在细节上是多变的，并且种间大多有过渡类型链接。由于分布区域、生长年限、生态环境等的不同，植物形态特征也有一定的变异，这就给原植物分类增加了难度，植物学家对该属分类的观点也有很大差异，以至这类植物已先后出现Paris、Daiswa等6个属名和69个拉丁种名。

2. 滇重楼植物形态

滇重楼为多年生草本植物。根状茎棕褐色，横走而肥厚，直径可达5厘米，表面粗糙具节，节上生纤维状须根。茎单一，直立，圆柱形，光滑无毛，高20~100厘米，常带紫红色，基部有1~3片膜质叶鞘抱茎。叶5~11枚，通常为7片，绿色，轮生，长7~17厘米，宽2.2~6厘米，纸质或膜质，为倒卵状长圆形或倒披针形，先端锐尖或渐尖，基部楔形至圆形，全缘，常具一对明显的基

出脉，叶柄长1~2厘米，紫红色。花顶生于叶轮中央，两性，花梗伸长，花被两轮，外轮被片4~6，绿色，卵形或披针形，内轮花被片与外轮花被片同数，线形或丝状，黄绿色，上部常扩大为宽2~5毫米的狭匙形。雄蕊2~4轮，8~12枚，花药长5~10毫米，药隔较明显，长1~2毫米。子房近球形，绿色，具棱或翅，1室。花柱基紫色，增厚，常角盘状。花柱紫色，花时直立，果期外卷。果近球形，绿色，不规则开裂。种子多数，卵球形，有鲜红的外种皮。花期4~6月，果期10~11月。

3.各种重楼植物的形态特征检索

1.子房1室，具4个以上的侧膜胎座；种子具多汁的假种皮；蒴果不规则开裂。

2.雄蕊4~6轮 …………………… 海南重楼*Paris dunniana*

2. 雄蕊2~3轮。

3.种子具完全的假种皮。

4.药隔多少伸出花药之上；叶无花斑。

5.药隔先端锐尖。

6.植株基本无毛或少数叶脉有疏毛。

7.叶片绿色，上面具有紫色斑块，背面常为紫色或绿色，具紫斑

8.花瓣丝状，长或略短于萼片 …………………………
……………………… 凌云重楼*P.cronquistii*

8.花瓣线形，远短于萼片 …………………………
……………… 短瓣凌云重楼*P.cronquistii* var. *brevipetalata*

7.叶片绿色，不具紫色斑块。

　9.萼片绿色，花瓣黄色或黄绿色。

　　10.叶片倒卵形至倒卵状长圆形 ······ 南重楼 *P. viertnamensis*

　　10.叶片矩圆形、倒卵状披针形、窄卵形、线形、窄披针形

　　　等多变异。

　　11.叶5~9（-11）枚。

　　　12.药隔突出部分短于2.5毫米。

　　　13.花瓣长于或近等于萼片，不反折。

　　　14.叶矩圆形或倒卵状披针形，基本钝圆或稀为浅心形。

　　　　花瓣丝状，顶端渐尖；雄蕊2轮

　　　　　　·················· 多叶重楼 *P. polyphylla.*

　　　14.叶窄卵形或倒披针形，基本楔形。花瓣线形。顶端扩

　　　　大为匙形；雄蕊2~3轮

　　　　　　·············· 滇重楼 *P. polyphylla* var. *yunnanensis*

　　　13.花瓣短于萼片1/2，反折·················

　　　　　　·············· 七叶一枝花 *P. polrphylla* var. *chinensis*

　　　12.药隔突出部分长于2.5毫米以上 ·················

　　　　　··········· 长药隔重楼 *P. polyphylla* var. *psoudothibetica*

　　11.叶（6-）10~15（-12）枚，线形或窄披针形，近无柄。

　　　花瓣丝状，长于萼片；药隔突出部分长于0.5厘米以上 ···

　　　　　·················· 狭叶重楼 *polyphylla* var. *stenophylla*

　9.萼片紫色、紫绿色；花瓣暗紫色，长不及萼片之半，反

　　折。

　　15.叶片狭披针形，线状长圆形至披针形，基部楔形至圆形

····································· 金线重楼 *P. delavayi*

15.叶片卵形，基部圆形或心形····················

·· 卵叶重楼 *P. delavayi* Var. *petiolata*

6.植株有短柔毛······················· 毛重楼 *P. mairei*

5.药隔顶部圆形 ·················· 球药隔重楼 *P. fargesiii*

4.药隔不外突；叶常具花斑纹 ····················

·· 禄劝花叶重楼 *P. luquanensis*

3.种子包以不完全假种皮 ············· 黑籽重楼 *P. thibetica*

1. 子房4室以上，具中轴胎座；种子一侧具海绵状假种皮或无假
种皮；蒴果不开裂。

16.花萼叶片状，萼片绿色。

17.根状茎粗壮；种子珠柄扩大为白绿色海绵状假种皮，
包住种子一侧。

18.果实淡绿色或黄绿色；种子倒卵形，淡棕色··········

································· 五指莲 *P. axialis*

18.果实青紫色；种子较小而圆，白色或黄红色··········

······························· 长柱重楼 *P. forrestii*

17.根状茎细长，匍匐，粗不及3毫米；种子无假种皮，
珠柄不膨大。

19.花有花瓣；药隔外突。

20.叶片通常4枚；萼片狭披针形，宽30~40毫米 ·········

····························· 巴山重楼 *P. bashanensis*

20.叶片通常6~8枚；萼片披针形至宽卵形，宽13~25
（-30）毫米 ··············· 北重楼 *P. verticillata*

19.花有花瓣；药隔不外突 ······

 ······ 日本四叶重楼 *P. tetraphylla*

16.花萼花瓣状；萼片白色······ 日本重楼 *P. japonica*

图2-1 滇重楼植物图

二、药材性状特征

1.滇重楼的药材性状

滇重楼以根茎入药，呈结节状扁圆柱形，略弯曲，长5~12厘米，直径1.0~4.5厘米。表面黄棕色或灰棕色，外皮脱落处呈白色；密具层状凸起的粗环纹，一面结节明显，结节上具椭圆形凹陷茎痕，另一面有疏生的须根或疣状须根痕。顶端具鳞叶和茎的残基。质坚实，断面平坦，白色至浅棕色，粉性或角质。气微，味微苦、麻。

2.各种重楼药材性状特征检索

1.根茎直径0.5厘米以上，茎痕和环节明显，节间短，长0.5~6毫米。

2.根茎直径1.2厘米以上。

　3.有多个分支，环节极稀疏而不规则 …………………日本重楼

　3.无分支。

　　4.直径可达7.5厘米，茎痕交互排列 …………………南重楼

　　4.直径5厘米以下。

　　　5.全体环节较密，表面皱缩。

　　　　6.扁圆柱形，粗细较均匀，茎痕呈扁节状，表面凹陷………

　　　　…………………………………………………海南重楼

　　　　6.不规则圆柱形，茎痕交互排列或不规则，表面较平，表面凹

　　　　陷 …………………………………………球药隔重楼

　　　5.顶端及中部环节稀疏，末端稍密。

　　　　7.直径常在2.5厘米以上，环节排列整齐 ………………

　　　　………………………………………七叶一枝花、滇重楼

　　　　7. 直径常在2.5厘米以下。

　　　　　8. 表面黄棕色或棕褐色…………………………………

　　　　　………………毛重楼、凌云重楼、短瓣凌云重楼

　　　　　8. 表面淡黄棕色…………卵叶重楼、多叶重楼、狭叶重楼

2.根茎直径0.5~1.2厘米。

　　9.环节密集，少数具分支 …………………五指莲重楼

　　9.环节较稀疏，无分支。

　　　10.表面皱褶较少，环节微突起 …………………………

　　　………………………………长柱重楼、长药隔重楼。

　　　10.表面皱褶明显，环节突起 …………………………

　　　………………………禄劝花叶重楼、黑籽重楼、金线重楼

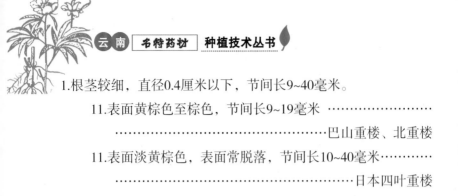

1.根茎较细，直径0.4厘米以下，节间长9~40毫米。

    11.表面黄棕色至棕色，节间长9~19毫米 ……………
……………………………………巴山重楼、北重楼

    11.表面淡黄棕色，表面常脱落，节间长10~40毫米………
……………………………………日本四叶重楼

图2-2　滇重楼药材商品图

第三章　生物学特性

一、生长发育习性

　　滇重楼为多年生宿根草本植物，实为根茎多年生，茎叶1年倒苗。每年立春前后随着气温的升高，开始萌发、长叶；夏秋是生长发育旺盛时期，茎叶繁茂并开花结果；立冬以后随着气温下降，茎叶开始枯萎，果实成熟，根茎大量贮蓄营养，停止生长进入休眠越冬；如此周而复始，根茎缓慢增长。虽其繁殖能力很强，根茎及种子都在繁殖，但从种子萌发到开花结果完成一个生活周期需要5~6年。因此，栽培滇重楼可结合封山育林在林下种植或结合果园、高秆作物进行套种。

　　滇重楼生长周期较长，长达9~10年，从种子萌发起，营养生长发育就需5~6年，之后才进入生殖生长期，才开始开花结果。此时的滇重楼地上茎增高、加粗，叶片数增多，花、果出现，根茎段也有显著增粗。这个时期是滇重楼生长发育的旺盛时期。其植株一般4~5月出苗，茎柱状，通常单一，但也有两株或三株的。花期为4~6月，地上茎抽出后，花芽已在茎顶端长成，包藏于未展开的叶丛内，2~3天后，花部露出，花梗伸长，叶、花

展开。9~11月种子陆续成熟，蒴果开裂，种子外种皮由淡红色转变为深红色，成熟后自然脱落。

滇重楼的叶片数目通常随根茎年龄的增加而增加，到开花年龄，叶片数趋于稳定。一般第一年和第二年有1片心形叶，第三年有3~4片，第四年有4~5片，第五年有4~6片，到了第六年后，植株达到开花年龄，叶片数目开始固定下来。在叶数增加的同时，叶片形态也会随之变化，最早为单一的心形叶，后来是数目不一的轮生叶，叶片卵状长圆形，基部钝圆。

二、对土壤及养分的要求

种植滇重楼对土壤的要求较严格，要求土层深厚、疏松肥沃、有机质含量高的中性沙质壤土，且地势要平坦，有自然灌溉条件、排水方便，避免雨季积水，减少病害发生。在经常翻用、有机质含量或速效肥力较高的壤土中，土壤透气和保肥性好，滇重楼生长良好，可获得较高的产量。土壤板结、贫瘠的黏性土及排水不良的低洼地，都不利于滇重楼的生长，不宜用来种植滇重楼。另外镁、锌、钼、钙等微量元素对滇重楼生长很重要，土壤中如果缺少这些元素，可进行人工叶面喷施。对养分的要求较高，既不能干旱，又不能受涝，要求种植区，降雨量集中在6~9月间，空气湿度在75%以上。在种植滇重楼时，建造的荫棚遮阴度应在60%~70%之间，散射光能有效促进滇重楼的生长。

三、对气候的要求

滇重楼喜温、湿，耐阴，惧霜冻和阳光直射。在生长过程中，需要较高的空气湿度和荫蔽度。在降雨量集中的地区生长良好，尤喜河边、沟边和背阴山坡地。气候指标为：海拔在1600~3100米；年平均气温为10~15℃，无霜期240天以上；年降雨量在850~1200毫米。

第四章 栽培管理

一、选地、整地

1. 选 地

根据滇重楼的生长特性，宜选择土壤疏松，富含腐殖质、保湿、遮阴，利于排水的地块。

2. 搭建阴棚

滇重楼属喜阴植物，忌强光直射，如果采用荫棚种植，应在播种或移栽前搭建好遮阴棚。按4米×4米打穴栽桩，可用木桩或水泥桩，桩的长度为2.2米，直径为10~12厘米，桩栽入土中的深度为40厘米，桩与桩的顶部用铁丝固定，边缘的桩子都要用铁丝拴牢，并将铁丝的另一端拴在小木桩上斜拉打入土中固定。在拉好铁丝的桩子上，铺盖遮阴度为70%的遮阳网，在固定遮阳网时应考虑以后易收拢和展开。在冬季风大和下雪的地区种植滇重楼，待植株倒苗后（10月中旬），应及时将遮阳网收拢，第二年4月份出苗前，再把遮阳网展开盖好。

3. 整 地

选好种植地后要进行土地清理，收获前茬作物后认真清除杂质、残渣，并用火烧净，防止或减少来年病

虫害的发生。如果是林下套种的地，认真清除杂灌、杂草、杂质和残渣后，高处的树枝不宜修理过多，保证遮阴度在80%左右，以免幼苗移植后受到强阳光直射。洁地后，将充分腐熟的农家肥均匀地撒在地面上（不使用未经腐熟的农家肥），每亩施用2000~3000千克，同时可选用"敌百虫""毒死蝉""氰菊酯"等农药中的一种拌"毒土"撒施（施药量以使用说明书为准稍微增加），再用牛犁或机耕深翻30厘米以上一次，彻底杀灭土壤中现存的害虫及虫卵，暴晒一个月，以消灭虫卵、病菌。最后一次整地时可选用"百菌清""代森锌""多抗霉素""福美双""腐霉利"等杀菌剂进行土壤消毒（施药量以使用说明书为准稍微增加），确保土壤无病菌。对过度偏酸的土壤还可撒生石灰（约10千克/亩）灭菌的同时可调节酸碱度，然后细碎耙平土壤。土壤翻耕耙平后开畦。根据地块的坡向山势作畦，以利于雨季排水。为了便于管理，畦面不宜太宽，按宽1.2米、高25厘米作畦，畦沟和围沟宽30厘米，使沟沟相通，并有出水口。

二、种子选择与处理

1.种子选择

在立冬前后，当果实开裂后，植株开始枯萎时，采集果实，并及时进行处理，防止堆积后发生霉烂，将所采果实置于纱布中，搓去果皮，洗净种子，剔去透明发软的细小种子，种子呈光滑的乳白色，选择饱满、成熟、无病害、无霉变和无损伤的种子做种，种子不能晒干或风干。

2. 种子处理

滇重楼种子具有明显的后熟作用，胚需要休眠完成后熟才能萌发。在自然情况下经过两个冬天才能出土成苗，且出苗率较低。注意种子不宜干藏，种子变干后易失去发芽能力，可将种子混湿沙常温或低温贮藏，翌年春天播种，采种后第3年才出苗，出苗率可达10%以上，此方法简单易行，但出苗期较长，出苗不整齐。采用种子催芽处理能使种子播种当年出苗，且出苗率高，出苗整齐，具体处理方法是：将选好的滇重楼种子用干净的湿沙催芽。按种子与湿沙的比例 1∶5 拌匀，再拌入种子量的1%的多菌灵可湿性粉剂，拌匀后放置于花盆或育苗盘中，置于室内，温度保持在18~22℃，每15天检查一次，保持湿度在30%~40%之间（用手抓一把砂子紧握能成团，松开后即散开为宜）。第二年4月份有超过50%的种子胚根萌发时便可播种。

图4-1 滇重楼果实

三、种植方法

1. 直播法

有种子和根茎切块两种直播方式。

（1）种子直播：于5月中、下旬透雨后，在整好的墒面上以行距30~35厘米，株距20~25厘米打3~5厘米深的小浅塘，130厘米的窄墒打4行，150厘米的宽墒打5行进行穴播。每塘放入已处理好的种子2~3粒，播后覆盖细粪、细土各半的肥土2~3厘米，浇透水，并加盖地膜，保持湿润。也可进行条播，在整好的墒面上按行距15~20厘米挖浅沟，将种子均匀地播入沟内，覆土耙平，播完浇一次透水，使墒面保湿，墒面覆盖厩肥后加盖地膜，保温保湿。苗期注意除草和适当施肥。播种后当年的8月份有少部分出苗，大部分苗要到第二年5月份后才能长出。种子直播生长缓慢，生长周期长达9~10年，且种子发芽率低，出苗不整齐，目前生产上很少采用此种方法。

（2）根茎切块直播：秋、冬季采挖健壮、无病虫害根茎置于阴凉干燥处砂贮，于翌年4月上、中旬取出，按有萌发能力的芽残茎、芽痕特征，切成小段，每段保证带1个芽痕，切好后适当晾干并拌草木灰，随后按照大田种植标准栽培，第二年春季便可出苗，其余部分可晒干做商品出售。

2. 育苗移栽

这是节省种子和争取节令的重要措施。目前生产上

多采用此种方法。

（1）育苗：滇重楼的育苗方法也有2种，一种是采用种子进行育苗，叫有性繁殖；另一种是利用根茎切块繁殖，叫营养繁殖或无性繁殖。在育苗时2种方法都可以采用，但要根据不同的种植规模和根茎种源状况来选择育苗方法，一般来讲大规模种植时尽量采用种子育苗，而小规模种植和根茎来源充足时采用营养繁殖来育苗。

①种子育苗：种子育苗宜采用条播，每亩约需种子2.5千克，可育12万株苗。按宽1.2米，高20厘米，沟宽30厘米整理苗床。整理好苗床后，先铺一层1厘米左右洗过的河沙，再铺3~4厘米筛过的壤土或火烧土，然后将处理好的种子按5厘米×5厘米的株行距播于做好的苗床上，种子播后覆盖1∶1的腐殖土和草木灰，覆土厚约2厘米，再在墙面上盖一层松针或碎草，厚度以不露土为宜，冷凉的地方可以多盖一些保温，浇透水，保持湿润。播种当年的8月份有少部分出苗，大部分苗要到第二年5月份后才能长出。实践证明，如果采用地膜覆盖等技术，播种当年出苗率可达70%以上。种子繁育出来的种苗生长缓慢，可以喷施少量磷酸二氢钾，中间特别要注意天干造成小苗死亡。3年后，滇重楼苗根茎直径有1厘米大小时即可移栽。

②根茎切块育苗：根茎切块繁殖分为带顶芽切块和不带顶芽切块两种方法，一般切块时带顶芽部分成活率

高，带顶芽切段根茎的生长量是不带顶芽切段的1.5~2.5
倍，并且当年就可以出苗，甚至开花结果，而不带顶芽
的切段需要2年才形成小苗，而不带顶芽切块往往第二年
才出苗，但能够形成多个芽。目前在生产上主要以带顶
芽切块繁殖为主。带顶芽切块繁殖的方法为：滇重楼倒
苗后，取根茎，按垂直于根茎主轴方向，以带顶芽部分
节长3~4厘米处切割，伤口蘸草木灰或将切口晒干，随后
按照大田种植的标准栽培，第二年春季便可出苗，其余
部分可晒干作商品出售。

图4-2　滇重楼人工繁殖

（2）移栽定植

①移栽时间：小苗倒苗至第二年出苗前均可移栽，而10月中旬至11月上旬最为适宜，此时移栽的滇重楼根系破坏较小，花、叶等器官在尚未发育，移栽后当年就会出苗，出苗后生长旺盛。

②种植密度：按株行距15厘米×15厘米进行移栽，每亩种植1.8万~2.0万株。

③种植方法：在畦面横向开沟，沟深4~6厘米，根据种植规格放置种苗，一定要将顶芽芽尖向上放置，用开第二沟的土覆盖前一沟，如此类推。播完后，用松毛或稻草覆盖畦面，厚度以不露土为宜，起到保温、保湿和防杂草的作用。栽后浇透一次定根水，以后根据土壤墒情浇水，保持土壤湿润。

随着滇重楼种植技术的日趋成熟，除利用荒地或熟地搭建阴棚栽培方式外，还有其他多种栽培方式，如在果园和高大树木之间套种滇重楼，采用生态复合种植模式，既可以充分利用土地以及利用药材生长时的有效空间来满足各种植物的生长需要，又充分利用同季节各种植物对土壤养分和阳光、温湿度要求的差异，较大幅度提高药材种植的经济效益和社会效益。主要有以下几种栽培方式：

（1）草果林下套种滇重楼，即草果种植1年后，在草果地里种植滇重楼。滇重楼需要七分阴，三分光，而草果地里上有树林，中有草果林，下面是空隙地块，这

正好是重楼所需的光和阴最适宜程度，而且在草果林下种植滇重楼，每亩可为农户节约产前投入（造遮阴棚）成本7000余元，还可充分利用林下闲置土地，加之草果林下土壤是腐殖土，地质肥沃，不带病菌无污染，不喷洒农药不施肥，无金属农药残留，提高了滇重楼质量，在管理好滇重楼的同时也管理好草果，起到双效作用。

（2）板栗、竹林下套种，重楼为多年生草本植物，其喜温、喜湿、喜阴凉，惧怕霜冻和阳光直射，将重楼种植在板栗、竹林下，既解决了重楼的遮阴和霜冻问题，降低了投入（遮阴）成本，又培肥和改良了土壤，促进了板栗、竹的生长。重楼3~4月份出苗，出苗时板栗、竹已长出新叶，满足了重楼生长的遮阴需要。重楼9月份开始就逐步倒苗，采收板栗、竹时节对其不会造成任何影响。

（3）杉木或旱冬瓜和草果复合种植，包括选地、人工林及草果种植、滇重楼的种植管理、采收与留种4个步骤，具体为：①选地：选择海拔1000~2200米之间，年降雨量在800毫米以上，年均温度在13~20℃，气候湿润，土层深厚、疏松肥沃、富含腐殖质、土质呈中性或偏酸性、排水良好的荒山；②人工林及草果种植：以2米×2米株行距种植杉木或旱冬瓜树，要求种植不宜过密，待树木生长2年后人工杉木林地或旱冬瓜林地的林下透光率至少为40%，并在林下以2米×2米种植草果，距离树为1米×1米；③滇重楼种植管理：草果种植1年后，按株行距在10厘米×10厘米移栽滇重楼幼苗，保持每亩为2万苗；前3年以施基肥为主，少施氮肥，施少量磷肥和钾肥，一般第1年不施肥，第2年开始每年在生长旺盛期时每亩施硫酸钾10千克、磷酸二铵7~8千克；第4年每年冬季每亩需施腐熟农家肥1500千克和施硫酸钾15千克、磷酸二铵10千克；每年人工除草2~3次，同时注意修剪人工林枝条注意不要太过于阴蔽，适当给予光照，保持草果遮阴度为40%~50%，滇重楼遮阴度为70%~80%；雨季注意排水，以防烂根或病害发生，同时在滇重楼种植第4年以后的每年4~5月打顶摘蕾，以防开花造成营养流失；④采收与留种：在第5年后的10~12月地上部分枯萎时采挖，注意尽量减少根部的损伤，采挖后，从顶端带芽部分芽痕下2~3厘米剪除，将不带芽部分的根茎晾至半干时用手搓揉，将表皮及泥土搓去，整形后晾干；将收获的带芽部分与草木灰混合后播入地中，3年后采收；同时选择5~7年健康植株的成熟种子采摘后，去除表皮，并用消毒后的湿砂保存。此种植方法利用不同植物的分层现象及生态效位空间互补的原理，采用杉木或旱冬瓜＋草果＋滇重楼的复合种植模式来提高滇重楼成活率降低种植成本，其具体步骤为：人工种植杉木林或旱冬瓜林2年后，种植草果，种植1年后，并利用人工林和草果形成的天然遮阴、保水效果，开展滇重楼的生态复合种植，并通过苗期及快速生长期的合理管理及合理施肥、除草、打顶摘蕾等方式来实现滇重楼的

生态复合种植。该方法操作简单，成本低，效益高，风险小，节省土地、人工，保护环境，具有良好的经济效益、社会效益与生态效益。

（4）人工杂木林下栽培重楼，伴生植物常为松科、壳斗科等常绿乔灌木。滇重楼林药套种模式刚起步，还有待探索发展。林药套种能提高山区土地利用效率，可实现生态及经济效益的双赢，具有良好的开发情景。

除了以上几种栽培方式外，还可考虑"三段式栽培法"。三段式栽培法是云南农业科学院药用植物研究所经过多年的努力研究，发明的一项栽培技术，此方法是将滇重楼分三段种植，每段种植3年，第一阶段根茎形成一级种苗生长阶段，由大、中型企业配合研究单位突破种苗繁育难关，保证全苗、壮苗；第二阶段根茎开始快速膨大为二级种苗生长阶段，由大、中型企业和专业农户利用设施（遮阳网）栽培完成；第三阶段根茎再次快速增重至逐渐成熟为商品滇重楼生产阶段，由农户分散或集中建立种植基地完成，收获的产品出售给制药企业。综合形成三段配套栽培技术，各段由不同生产者分段承担其中一段种植任务，并将该段获得的种苗，以产品销售的方式，接力传递给下一个生产者，不仅使参与的每个生产者在2~3年内可获得较好经济效益，且降低了投资大、回收期长的风险，以及随着种植年限延长病虫害危害越严重的问题，创新了一种生长周期较长的中药材种植新模式，实现企业增效，农民增收。

图4-3　滇重楼的规范化种植及林下种植

四、田间管理

1. 排灌水

由于云南地区的冬、春季节较干旱，滇重楼移栽后每10~15天应及时浇水1次，使土壤水分保持在30%~40%之间。出苗后，有条件的地方可采用喷灌，以增加空气湿度，促进滇重楼的生长。雨季来临前要注意理沟，以保持排水畅通。多雨季节要注意排水，切忌畦面积水。遭水涝的滇重楼根茎易腐烂，导致植株死亡，产量减少。

2. 间苗补苗

5月中、下旬对直播地进行间苗，同时查塘补缺。苗前要先浇水，用小锄或小铲撬取苗，注意保护须根。补苗时浇定根水，充分利用小苗，保证全苗和足够的密度。

3. 中耕除草

由于滇重楼根系较浅，而且在秋冬季萌发新根，在

中耕时必须注意，在9~10月前后地下茎生长初期，用小锄轻轻中耕，不能过深，以免伤害地下茎。中耕除草时要结合培土，并结合施用冬肥。立春前后苗逐渐长出，发现杂草要及时拔除，除草要注意不要伤及幼芽和地下茎，以免影响滇重楼生长。

4. 追　肥

滇重楼的施肥以有机肥为主，辅以复合肥和各种微量元素肥料。有机肥包括充分腐熟的农家肥、家畜粪便、油枯及草木灰、作物秸秆等，禁止施用人粪尿。有机肥在施用前应堆沤3个月以上（可拌过磷酸钙），以充分腐熟。追肥每亩每次1500千克，于5月中旬和8月下旬各追施1次。在施用有机肥的同时，应根据滇重楼的生长情况配合施用氮、磷、钾肥料。滇重楼的氮、磷、钾施肥比例一般为1∶0.5∶1.2，每亩共施用尿素、钙镁磷、硫酸钾各10千克、20千克、12千克；施肥采用撒施或兑水浇施，施肥后应浇一次水或在下雨前追施。滇重楼的叶面积较大，在其生长旺盛期（7月~8月）可进行叶面施肥促进植株生长，用0.5%尿素和0.2%磷酸二氢钾喷施，每15天喷1次，共3次。喷施应在晴天傍晚进行。

5. 摘除果实

滇重楼的非采种田应在其花萼片展开后用手摘去果实，让养分集中在其营养生长上，促进滇重楼的根茎生长。

6. 遮　阴

对林下种植的地块，透光率过低时，要修除林木过

多的枝叶；遮阴度不够时，要采取插树枝遮阴的办法，原则上遮阴度控制在出苗后当年以80%为宜，第二年后遮阴度控制在70%，4年以后控制在60%左右。

第五章　农药、肥料使用及病虫害防治

一、农药使用原则

　　滇重楼农药使用应从整个生态系统出发，综合运用各种防治措施，创造不利于病虫害滋生而有利于各类天敌繁衍的环境条件，保持整个生态系统的平衡和生物多样化，减少各类病虫害的损失。做到用药少，防治病虫害效果好，不污染或很少污染环境，残留毒性小，不杀伤天敌，对植物无药害，能延缓害虫和病菌产生抗药性等，以切实贯彻经济、安全、有效的"保益灭害"的原则。优先采用农业措施，通过认真选地、培育壮苗、非化学药剂种子处理，加强田间管理、中耕除草、轮作倒茬、复合种植等一系列措施，起到防治病虫害的作用。特殊情况下必须使用农药时，应严格遵守以下准则。

　　（1）允许使用植物源农药、动物源农药、微生物源农药和矿物源农药。

　　（2）严格禁止使用剧毒、高毒、高残留或者具有三致（致癌、致畸、致突变）作用的农药。

　　（3）允许有限度的使用部分有机合成的化学农

药。

①应尽量选用低毒、低残留农药。如需使用未列出的农药新种类，须取得专门机构同意后方可使用。

②每种有机合成农药在一年内允许最多使用1~2次。

③最后一次施药距采挖间隔天数不得少于30~50天。

④提倡交替使用有机合成化学农药。

⑤在滇重楼种植时禁止使用化学除草剂。

二、肥料使用准则

（1）尽量选用中药材规范化生产过程中规定允许使用的肥料种类。如生产上实属必需，允许生产基地有限度地使用部分化学合成肥料。但禁止使用硝态氮肥。

（2）化肥必须与有机肥配合施用，有机氮与无机氮之比1∶1为宜，大约厩肥1000千克加尿素20千克（厩肥作基肥、尿素可作基肥和追肥用）。最后一次追肥必须在收获前30天进行。

（3）化肥也可与有机肥、微生物肥配合施用。厩肥1000千克，加尿素10千克或磷酸二铵20千克，微生物肥料60千克（厩肥作基肥，尿素，磷酸二铵和微生物肥料作基肥和追肥用）。最后一次追肥必须在收获前30天进行。

（4）城市生活垃圾在一定的情况下，使用是安全的。但要防止金属、橡胶、砖瓦石块的混入，还要注意垃圾中经常含有重金属和有害毒物等。因此城市生活垃圾要经过无害化处理，质量达到国家标准后才能使用。每年每亩农田限制用量，黏性土壤不超过3000千克，砂性土壤不超过2000千克。

（5）秸秆还田：有堆沤还田（堆肥、沤肥、沼气肥）、过腹还田（牛、马、猪等牲畜粪尿）、直接翻压还田、覆盖还田等多种形式。各地可因地制宜采用。秸秆直接翻入土中，注意盖土要严，不要产生根系架空现象，并加入含氮丰富的人畜粪尿调节碳氮比，以利秸秆分解。允许用少量氮素化肥调节碳氮比。

（6）绿肥：利用形式有覆盖、翻入土中、混合堆沤。栽培绿肥最好在盛花期翻压，翻埋深度为15厘米左右，盖土要严，翻后耙匀。压青后15~20天才能进行播种或移苗。

（7）腐熟的达到无害化要求的沼气肥水，及腐熟的人畜粪尿可用作追肥。严禁使用未经腐熟的人粪尿。

（8）叶面肥料，喷施于作物叶片。可施一次或多次，但最后一次必须在收获前20天喷施。

（9）微生物肥料可用于拌种，也可作基肥和追肥使用。使用时应严格按照使用说明书的要求操作。

在养分需求与供应平衡的基础上，坚持有机肥料与无机肥料相结合；坚持大量元素与中量元素、微量元素相结合；坚持基肥与追肥相结合；坚持施肥与其他措施相结合。长期施用堆肥或厩肥有加速土壤氮、磷、钾的积累和提高有效养分和含量的作用，施用有机肥对提供磷、钾养分起了重要作用，并补充了部分中、微量元素。而连年单一施用无机化肥，只能略为提高土壤中碳、氮、磷库，且由于土壤中其他养分的耗竭，施肥的增产作用下降。因此在滇重楼的栽培中应该根据土壤肥力条件，进行有机肥和无机肥混合使用。

三、病虫害防治

1.病　害

滇重楼的病害主要有7种：根腐病、猝倒病、白霉病、褐斑病、病毒病、炭疽病、红斑病。其中以根腐和白霉病危害最重，幼苗期主要是根腐病、猝倒病和褐斑病，成株期后主要是白霉病，特别是滇西产区受害重。

（1）根腐病：由多种线虫、镰刀菌、腐霉菌等复合侵染引起，危害地下根茎部分，种子播种的小苗整个根系部分为黄褐色至黑褐色，局部腐烂；发病块茎主要是染病部位开始腐烂，发病早期地上部植株稍褪色发黄后期整个根茎腐烂或稀腐，地上植株变黄、萎

蔫、枯死。高温高湿有利发病。防治方法为：播种或移栽时用草木灰拌种苗；出苗后，用农用链霉素200毫克/升加25%多菌灵可湿性粉剂250倍液混合后喷雾预防；发病初期用草木灰或生石灰对水灌根。

（2）猝倒病：由腐霉菌引起。发病的症状为从茎基部感病，初发病为水渍状，并很快向地上部扩展，病部不变色或呈黄褐色并缢缩变软，病势发展迅速，有时子叶或叶片仍为绿色时即突然倒伏。开始往往仅个别幼苗发病，条件适宜时以发病株为中心，迅速向四周扩展蔓延，形成一块一块的病区。高湿是发病的主要原因，防治方法为：发病初期用70%敌克松可湿性粉剂500倍液、25%甲霜灵可湿性粉剂300倍液、68.75%银法利（氟菌·霜霉威）悬浮剂2000倍液灌根或泼浇。每7天1次，连续2~3次；发病后，及时拔除病株，用生石灰水浇灌病区。

（3）白霉病：由半知菌类的柱隔孢引起，该病主要是叶片受害，发病初期，产生水渍状灰褐色病斑，后病斑变成褐色，近圆形或不规则形，潮湿时病斑正反面有灰色或灰白色霉层，叶背更多；后期病斑成黑褐色，中心灰白色，病斑上覆盖白色霉层，为病菌的子实体，有的病斑成溃疡状孔洞，病斑边缘的深褐色带明显。病菌以分生孢子在田间病残体上越冬，第二年条件适宜时萌发侵染叶片致发病，病部产生的分生孢子借气流、雨水传播侵染其他叶片行再侵染。湿度有利病菌生长萌发，病害一般7月底8月初出现，所以苗期病轻或无病，到9月中旬至10月下旬最严重直至倒苗。防治方法：清洁田园，消除病残体、掀棚除湿、种植于果树林下可自然遮阴进行仿生境栽培达到生态控病目的。大田移栽前用50%多菌灵、30%特富灵（氟菌唑）可湿性粉剂1000倍液浸泡种苗10分钟进行种苗处理再移栽。发病初用75%百菌清、70%甲基托布津可湿性粉剂800倍液、40%福星（氟硅唑）3000倍液、10%世高（噁醚唑）水分散颗粒剂、30%特富灵（氟菌唑）可湿粉1000倍液喷雾控制中心病株。

（4）褐斑病：由细交链孢菌引起，该病主要感染叶片，一般从叶缘或叶尖开始发病，发病初期，病部呈水渍状，接着失绿变黄，以后变浅褐色，慢慢病斑扩大或随病情发展，病斑相融合，叶片边缘枯卷。病斑不规则，浅褐色或深、浅褐色相间，具轮纹，连续多天阴雨或高湿下，病斑两侧中部可出现少量灰绿至黑色小霉点，为病菌子实体。病害发生与防治同滇重楼白霉病。

（5）病毒病：由番茄斑萎病毒引起，感病叶片表现为不均匀褪绿的花叶状，植株生长慢，严重时枯死。病害主要由蓟马传播，因此防治方法即蓟马发生期适时杀虫。

（6）炭疽病：由炭疽菌属引起。叶片上产生点状、近圆形或不规则形褐色病斑，病斑中部浅褐色或

灰白，其上高湿时产生黑点状子实体，病斑边缘深褐色至红色。病害严重时叶上多个病斑连接成片，枯黄死亡。病菌在土壤病残体中越冬，第二年雨季来临时侵染健株发病，并通过分生孢子盘突破寄主表皮，其盘上分生孢子借风、雨在田间反复循环侵染进行为害，种植密度大、排水不良、阴雨多湿、多年连作田块发病重。防治方法：①及时清除田间病残组织；②与禾本科或豆科等作物实行年度轮作，合理密植；③发病初用50%退菌特（三福美）、75%百菌清、80%炭疽福美可湿性粉剂800倍液、40%福星（氟硅唑）3000倍液、10%世高（噁醚唑）水分散颗粒剂2000倍液、30%特富灵（氟菌唑）可湿粉1000倍液喷雾控制中心病株。

（7）红斑病：由多枝瘤座霉菌引起。叶上病斑点状、条状或不规则状，锈红色，严重时病斑相连成片并枯死。发生与防治方法同炭疽病。

2. 虫　害

（1）地下害虫：有金龟子（土蚕）、蝼蛄、地老虎、金针虫等，其主要在重楼出苗时为害，咬断植株或吃光叶片或把根茎咬成孔洞状。根据不同害虫种类的生活习性进行趋性诱杀，比如，金龟子有趋黑光性，用黑光灯诱杀；蝼蛄有趋光性、趋粪及对香甜物的喜好性，可用黑光灯、带毒鲜马粪及炒香的麦麸毒饵进行诱杀；地老虎喜好酸甜味并有趋黑光性，用黑

光灯、性诱剂、糖醋酒液毒饵诱杀成虫，用于毒饵的药剂有80%敌百虫可溶性粉剂、50%辛硫磷乳油。田中每亩可用3%辛硫磷颗粒剂10千克混细土撒施于重楼植株旁。

（2）蓟马：以成虫、幼虫在植株叶片上吸食汁液，造成花叶、生长不良并传播病毒。防治方法用内吸性杀虫剂40%乐果1500倍液、20%吡虫啉5000倍液喷雾。每隔15天用药一次，连用2~3次。

第六章　收获及初加工

一、采收期

综合产量和药用成分含量两方面因素，种子繁育种苗的滇重楼在移栽后第6年采收最佳；带顶芽根茎的种苗在移栽后第3年采收最佳。10~11月滇重楼地上茎枯萎后采挖。

二、初加工

1. 采收方法

选择晴天采挖，采挖时用洁净的锄头先在畦旁开挖40厘米深的沟，然后顺序向前刨挖。采挖时尽量避免损伤根茎，保证滇重楼根茎的完好无损。

2. 产地加工

挖取的滇重楼，去净泥土和茎叶，把带顶芽部分切下留作种苗，其余部分晾晒干燥或烘干，打包或装麻袋贮藏。

三、质量规格

1. 外观性状

本品结节状扁圆柱形，略弯曲，表面灰褐色。质坚，切面白色至黄白色，粉性足。气微，味微苦、麻。

2. 检测质量

按《中国药典》（2010年版一部）附录IX H 第二法"水分测定法"测定，水分不得超过12.0%；附录IX K "灰分测定法"测定，总灰分不得超过6.0%；本品按干燥品计算，含重楼皂苷I和重楼皂苷II的总量，不得少于0.80%。按国家农业部绿色食品标准，农药六六六、DDT残留量均不得超过0.05毫克/千克；重金属As、Pb、Cd、Hg的含量分别不得超过0.2毫克/千克、1.5毫克/千克、0.05毫克/千克、0.01毫克/千克。

四、包装、贮藏与运输

1. 包装

滇重楼包装材料采用干燥、清洁、无异味以及不影响品质的材料制成，包装要牢固、密封、防潮，能保护品质，包装材料应易回收、易降解。在包装外标签上注明品名、等级、数量、收获时间、地点、合格证、验收责任人等。有条件的基地注明农药残留、重金属含量分析结果和药用成分含量。

2. 贮藏

包装好的滇重楼商品药材，应及时贮存在清洁、干燥、阴凉、通风、无异味的专用仓库中，要防止霉变、鼠害、虫害，注意定期检查。

3. 运输

运输工具必须清洁、干燥、无异味、无污染、运输中应防雨、防潮、防污染，严禁与可能污染其品质的货物混装运输。

第七章 应用价值

一、药用价值

滇重楼为历版《中国药典》收载的品种。性微寒，味苦，有小毒；归肝经，有清热解毒，消肿止痛，凉肝定惊之功效。用于治疗疔疮痈肿，咽喉肿痛，毒蛇咬伤，跌扑伤痛，惊风抽搐等症。云南民间常用于外伤出血，骨折，扁桃腺炎，腮腺炎，乳腺炎，肠胃炎，肺炎，疟疾，痢疾等多种疾病。通过对滇重楼的化学成分分析，其主要的有效成分是甾体皂苷，约占总化合物数目的80%，还含有植物蜕皮激素（主要是α-蜕皮激素、β-蜕皮激素及重楼甾酮）、植物甾醇（主要为β-谷甾醇、豆甾醇及其衍生的苷类）、黄酮、蚤休甾酮、单宁酸、肌酐酸、鞣质、氨基酸及生物碱等，均有很强的生理和药理活性。现代药理研究表明滇重楼具有抗肿瘤作用、镇静、镇痛作用、抑菌、抗菌作用、增强免疫力、抗炎、抗病毒作用，还具有止咳平喘、杀灭精子等作用。临床用于治疗胃炎、带状疱疹效果显著，另外，滇重楼常被组成方剂用于癌症的治疗，如食管癌、喉癌、直肠癌、肺癌、宫颈癌、白血病等，均有满意的疗效。

滇重楼是一种用途广泛的中药材，除作为中药配伍外，在制药工业中是多种重要中成药的原料药之一。据不完全统计以滇重楼为主要原料的成方制剂约有78种。以滇重楼为主要原料的中成药品种就有100多个。为云南白药系列产品、季德胜蛇药片、宫血宁胶囊、沈阳红药系列、金品肿痛系列、抗病毒颗粒系列产品及金复康口服液等20多个国家重点保护中药的主要原材料。

二、经济价值

滇重楼以根茎入药，是云南白药、四川抗病毒冲剂、季德胜蛇药片、宫血宁、热毒清等国家重点保护中药和重点新药的主要原材料。目前，药材原料主要来自野生，并且人工种植培育在技术上也不是很成熟。长期连续掠夺性采挖使野生资源越来越少，制药企业也大幅度提高收购价格，现在的收购价格也在300元/千克以上。据不完全统计，国内市场需求量达3000吨左右，而现供应量仅为1500多吨，供求矛盾突出，再加上其药用价值高、生长缓慢、周期长，野生资源已日益枯竭，短时间内难以满足市场的需求。加之滇重楼具有较强的生理活性，临床应用范围广，功效显著。另外，近3年来，旱情十分严重，滇重楼产量逐年下降，其市场需求量和市场价格均只增不减，种植滇重楼具有较高的经济效益和社会效益。

参考文献

1 张金渝.药用植物滇重楼资源生物学研究［D］.昆明：云南大学出版社，2012.

2 云南省药物研究所编.云南重要天然药物［M］.昆明：云南科技出版社，2006.

3 黄璐琦，肖培根，王永炎主编.中国珍稀濒危药用植物资源调查［M］.上海：上海科技出版社，2012.

4 李运昌.重楼属植物引种栽培的研究.滇重楼的有性繁殖试验初报［J］.云南植物研究，1982，4（4）：429-431.

5 陈翠，康平德，杨丽云，汤王外，徐中志，杨少华，袁理春.云南重楼种苗繁育技术［J］.中国现代中药，2010，12（2）：23-24.

6 ZhouLG，YangCZ，LiJQ，etal.Heptasaccharide and octasaccharide isolated from Parispolyphylla var. yunnanensis and their plant growth-regulatory activity ［J］.Plant Science，2003，165:571-575.

7 袁理春，陈翠，杨丽云，等.滇重楼根状茎繁殖诱导初报［J］.中药材，2004，27（7）:477.

8 陈翠，杨丽云，吕丽芬，等.云南重楼根状茎切断苗繁育技术研究［J］.西南农业学报，2007，20（4）：706-710.

9 李运昌.重楼属植物引种栽培的研究.滇重楼的育苗试验［J］.1986，8（2）：209-212.

10 王丽萍，起学伟.云南重楼野生驯化及栽培技术研究初探

[J].中国野生植物资源，2002，21（1）：62-63.

11 陈昌祥，张玉童，周俊.滇重楼地上部分的配糖体［J］.云南植物研究，1995，17（4）：473-478.

12 陈昌祥，周俊.重楼地上部分的两个微量皂甙［J］.云南植物研究，1995，17（2）：215—220.

13 陈昌祥，周俊.滇重楼地上部分的甾体皂甙［J］.云南植物研究，1990，12（3）：323—329.

14 张宵霖，刘月蝉. 重楼的研究与应用［J］.中国中医药科技，2000，7（5）：346—347.

15 刘丽.重楼的化学成分及质量控制研究进展［J］.中国民族民间医药，2011，21:28-29.

12 季申，周坛树，张锦哲.中药重楼和云南白药中抗肿瘤细胞毒活性物质Cracillin的测定［J］.中成药，2001，23（2）：212-215.

13 云南省农家书屋建设工程领导小组编.木香、滇重楼栽培技术［M］.昆明：云南科技出版社，2009.

14 张伟. 七叶一枝花GAP林下种植和人工促繁栽培技术研究［J］.林业调查规划，2011，36（6）：125-129.